Abdul Gani Abdul Jameel

Tratamento de águas residuais de curtumes

Abdul Gani Abdul Jameel

Tratamento de águas residuais de curtumes

ScienciaScripts

Imprint

Cover image: www.ingimage.com

This book is a translation from the original published under ISBN 978-3-659-85166-7.

Publisher:
Sciencia Scripts
is a trademark of
Dodo Books Indian Ocean Ltd. and OmniScriptum S.R.L publishing group

120 High Road, East Finchley, London, N2 9ED, United Kingdom
Str. Armeneasca 28/1, office 1, Chisinau MD-2012, Republic of Moldova, Europe
Printed at: see last page
ISBN: 978-620-8-34814-4

ÍNDICE DE CONTEÚDOS

RESUMO 2
RECONHECIMENTO 3
LISTA DE SÍMBOLOS E ABREVIATURAS 4
CAPÍTULO 1 5
CAPÍTULO 2 14
CAPÍTULO 3 18
CAPÍTULO 4 23
CAPÍTULO 5 40
CONCLUSÃO 40
REFERÊNCIAS 41

RESUMO

A presente investigação tem por objetivo comparar os desempenhos globais do elétrodo de disco rotativo operado nos modos de lote, recirculação de lote e de passagem no tratamento de águas residuais de curtumes pelo método de electro-oxidação. Foram avaliados criticamente os efeitos da densidade da corrente (i), da velocidade de rotação do cátodo (r), da duração da eletrólise, do pH inicial e do caudal das águas residuais na remoção de poluentes e no desempenho do consumo específico de energia. A resposta dos parâmetros do processo foi medida em termos de remoção de carbono orgânico total (TOC). O mecanismo da reação de electro-oxidação foi modelado utilizando cinética de primeira ordem. A análise GC-MS das águas residuais brutas e tratadas mostra que o efluente da fábrica de curtumes pode ser eficazmente tratado com oxidação eletroquímica.

RECONHECIMENTO

Gostaria de manifestar o meu maior apreço e profunda gratidão ao meu orientador, **Dr. N. Balasubramanian**, Professor Associado do Departamento de Engenharia Química. A sua excelente orientação e conselhos constantes motivaram-me ao longo desta tese de mestrado. Sem o seu encorajamento e orientação, este projeto não se teria concretizado.

Expresso a minha gratidão ao Dr. P. Kaliraj, Reitor, A.C. College of Technology, Anna University e ao Dr. N. Nagendra Gandhi, Diretor, Departamento de Engenharia Química, A.C. College of Technology, Anna University, por me terem proporcionado as facilidades concedidas.

Expresso os meus agradecimentos à ajuda do Dr. R. Palani, que me ajudou na investigação experimental efectuada para este trabalho.

Não poderia ter levado a cabo a minha investigação de forma tão ativa se não tivesse tido a companhia muito agradável dos meus amigos, que foram muito amáveis e cooperantes e mantiveram um ambiente muito amigável aqui, no laboratório de Eletroquímica

Por último, mas não menos importante, exprimo a minha mais sincera gratidão aos meus pais pelo seu amor e bênçãos para que o projeto fosse concluído com êxito.

Abdul Gani Abdul Jameel

LISTA DE SÍMBOLOS E ABREVIATURAS

A_e	Effective anode area
C_A	Total Organic Carbon of effluent at a given time
C_{Ao}	Total Organic Carbon of untreated effluent
COD	Chemical Oxygen Demand
CETP	Common Effluent Treatment Plant
DC	Direct Current
EO	Electro oxidation
F	Faraday Constant
i	Current Density
K	Mass Transfer Coefficient
r	Cathode Rotational Speed
RDE	Rotating Disc Electrode
T	electrolysis time
TDS	Total Dissolved Solids
TOC	Total Organic Carbon
TSS	Total Suspended Solids
V_e	Volume of the effluent

CAPÍTULO 1

INTRODUÇÃO

A indústria indiana do couro é um ator importante à escala mundial e uma importante fonte de receitas em divisas. A Índia é o terceiro maior produtor de couro do mundo, atrás da China e da Itália. A indústria de curtumes contribui significativamente para as exportações e para a criação de emprego e desempenha um papel importante na economia indiana. Por outro lado, os resíduos de curtumes estão classificados como os mais poluentes de todos os resíduos industriais. O processo de curtume requer grandes quantidades de água doce e vários produtos químicos. São necessários mais de 300 litros de água por cada 10 kg de peles em bruto processadas. Do mesmo modo, por cada tonelada de pele processada, são necessários cerca de 300 kg de produtos químicos. Os efluentes são ricos em sólidos orgânicos e inorgânicos dissolvidos e em suspensão, acompanhados de uma elevada necessidade de oxigénio e contendo resíduos de sais metálicos potencialmente tóxicos. O odor desagradável proveniente da decomposição de resíduos sólidos proteicos, a presença de sulfureto de hidrogénio, amoníaco e compostos orgânicos voláteis estão normalmente associados às actividades de curtimento. . Uma parte significativa dos produtos químicos utilizados no processamento do couro não é efetivamente absorvida no processo, mas é descarregada no ambiente. As águas residuais das indústrias de curtumes contêm substâncias orgânicas, crómio, sulfureto, resíduos sólidos, poeiras de polimento, etc.

1.1 PROCESSO DE CURTIMENTO

O processo de curtimento consiste numa sequência de processos mecânicos e químicos em que as peles de animais e os couros são convertidos em produtos de couro. O carácter poluente das fábricas de curtumes é evidente pelo odor notório e pela presença de produtos químicos tóxicos não utilizados nas descargas. A figura 1.1 apresenta um fluxograma com as etapas gerais envolvidas na transformação das peles em bruto em produtos de couro acabados.

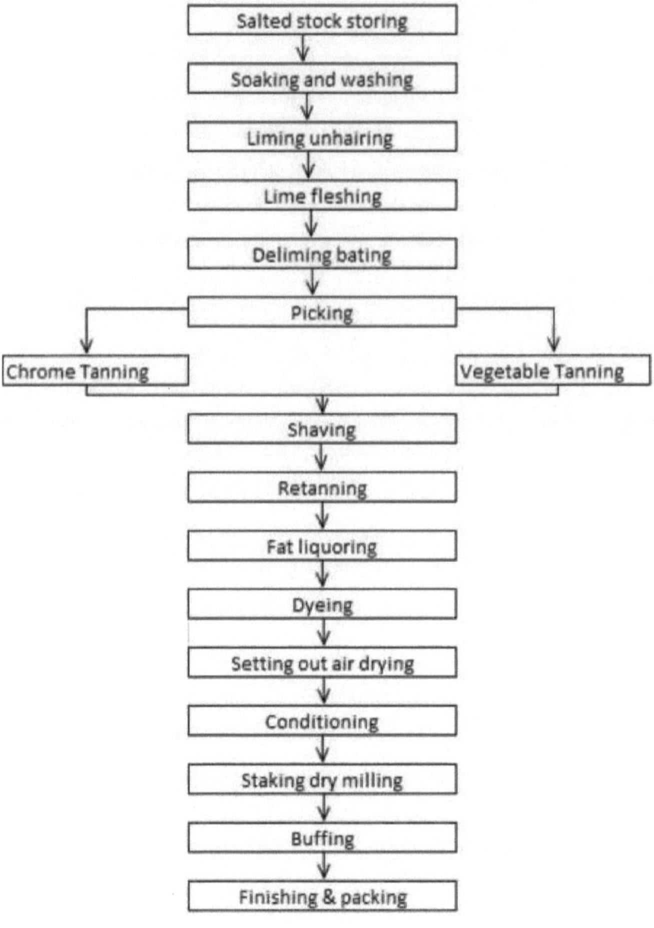

Fig 1.1 Diagrama de fluxo geral do processo de curtimento de couro

Existem quatro fases básicas no processo de curtimento: processamento preliminar, curtimento, pós-curtimento e acabamento.

1.1.1 Processamento preliminar

No processamento preliminar, a matéria-prima é preparada para ser curtida através de várias etapas de limpeza/condicionamento:

- Imersão: elimina a sujidade e as impurezas, o sangue e os conservantes (NaCl), ajuda a pele a recuperar o seu teor normal de água, a sua suavidade e a sua forma
- Depilação: remoção de pêlos, lã e queratina das peles.

- Desfolhamento: elimina o excesso de cal utilizado no desfolhamento por $(NH_4)_2SO_4$ / CO_2.

- Bating: elimina as impurezas através da adição de enzimas.

- Decapagem: reduz o pH da pele, o que favorece o bronzeamento. A condição de pH baixo também inibe as actividades enzimáticas. Na decapagem, são adicionados sais para evitar o inchaço das peles.

1.1.2 Bronzeamento

O curtimento é o processo que converte as peles de animais em couro. Neste processo, o couro é tornado resistente à decomposição biológica através da estabilização da estrutura de colagénio da pele, utilizando produtos químicos naturais ou sintéticos. Os couros e peles têm a capacidade de absorver outras substâncias químicas, que tornam a pele resistente à humidade e evitam a decomposição. Durante a fase de curtimento, os agentes de curtimento interagem com a matriz de colagénio da pele, estabilizando tanto o colagénio como as proteínas. O couro adquire assim resistência à degradação química, térmica e microbiológica. O curtimento pode ser efectuado com agentes curtentes vegetais, como a casca das árvores quebracho (Argentina) ou babul (Índia), ou quimicamente com crómio. Após o curtimento, as peles são divididas horizontalmente numa camada superior, designada por grão, e numa camada do lado da carne, designada por racha. Estas camadas são processadas separadamente, por vezes recurtidas e depois prensadas, esticadas e secas. O fluxo de resíduos do processo de curtimento contém excesso de agente de curtimento e vestígios de resíduos de couro. Os couros são geralmente produzidos por curtimento ao crómio. Consome menos tempo de processamento do que o curtimento vegetal tradicional.

1.1.3 Pós-bronzeamento

Na operação de pós-curtimento, a pele curtida é lavada para remover os agentes de curtimento não fixados. Durante este processo são utilizadas quantidades substanciais de água para lavar o couro curtido.

1.1.4 Acabamento

Após o processo de curtimenta, as peles são processadas com uma série de revestimentos na superfície de modo a melhorar a sua resistência e produzir efeitos de superfície apelativos e uniformes. O objetivo geral do acabamento é melhorar a aparência do couro e fornecer as caraterísticas de desempenho esperadas do couro acabado no que diz respeito a:

- cor

- brilho

- pega

Flexibilidade, aderência, resistência à fricção, bem como outras propriedades, incluindo extensibilidade, rutura, resistência à luz e à transpiração, permeabilidade ao vapor de água e resistência à água, conforme necessário para a utilização final. De um modo geral, as operações de acabamento podem ser divididas em processos de acabamento mecânico e aplicação de um revestimento de superfície.

1.1.5 Poluentes de curtumes

A maior parte dos perigos para o homem e para o ecossistema deve-se sobretudo à poluição das águas subterrâneas. Os esgotos não tratados, os efluentes industriais e os resíduos agrícolas são frequentemente descarregados nas massas de água. Esta água contaminada propaga uma vasta gama de doenças transmitidas pela água. Os campos agrícolas em torno destas massas de água são afectados (Chandra e Kulsheshtha, 2004; Tung et al., 2009). Os diferentes tipos de metais pesados transportados pelos efluentes das águas residuais são libertados livremente para os rios próximos, causando a sua contaminação. O impacto dos efluentes é tão grande que a água se tornou imprópria para consumo e irrigação. O total de sólidos dissolvidos nas águas subterrâneas é de 17 000 mg/l. O cloreto de sódio é a principal substância química dominante presente nas águas subterrâneas, o que as torna impróprias para consumo e irrigação (Waziri, 2006). Uma única fábrica de curtumes pode causar a poluição das águas subterrâneas num raio de 7-8 quilómetros. Em Tamilnadu, onde estão localizadas mais de 60% das indústrias de curtumes economicamente importantes da Índia, as águas residuais de curtumes contendo compostos de crómio e sódio contaminaram mais de 55000 hectares de agricultura e leitos de água próximos (Mahimairaja et al., 2005).

Geralmente, os efluentes dos curtumes contêm sobretudo sulfureto de sódio e (ou) hidrossulfureto de sódio (EPA, 1990; Valeika *et al.,* 2006), o que tem contribuído significativamente para a poluição ambiental. As águas residuais dos processos de curtume, delimitação e bating podem conter sulfuretos, sais de amónio e sais de cálcio e são fracamente alcalinas. Os efluentes de decapagem e de curtimento de crómio contêm crómio, cloretos e sulfatos (UNIDO, 2000). Os principais poluentes do pós-curtume são o crómio, os sais, os resíduos de corantes, os agentes de liquefação de gorduras, os sintanos e outras matérias orgânicas, tipicamente medidos pela CQO (Bajza e Vrcek, 2001; UNIDO, 2000). As águas residuais de curtumes libertam grandes quantidades de matéria orgânica para o ambiente. Os compostos orgânicos presentes nestes resíduos são: compostos polifenólicos, condensados de ácidos acrílicos, etoxilados alifáticos, ácidos gordos, corantes, proteínas, hidratos de carbono solúveis (Szpryokowicz *et al.,* 1995; Naumczyk *et al.,* 1996).

1.2 MÉTODOS DE TRATAMENTO

1.2.1 Convencional

Em geral, os métodos convencionais de tratamento de efluentes orgânicos podem ser classificados em processos físicos, químicos e biológicos (Parag et al., 2004; Rameshraja e Suresh, 2011). Tradicionalmente, o tratamento físico é utilizado para remover o material grosseiro, seguido de métodos físico-químicos. Os métodos físico-químicos consistem em oxidação química/precipitação, sedimentação, filtração, coagulação/floculação, adsorção, permuta iónica, etc. (Benefield at al., 1982; EPA, 2004; UNEP, 2004; Metes *et al.,* 2004; Jing-Wei *et al.,* 2007; Zhiet *al.,* 2009; Espinoza-Quinones *et al.,* 2009; Sengilet *al.,* 2009). Os métodos bioquímicos incluem a biodegradação, a bissorção, etc., (Telang et al., 1997; Seyoum et al., 2004; Martinez *et al.,* 2003; Farabegoliet *al.,* 2004; Galiana et al. (2005) experimentaram a nanofiltração para reduzir o ião sulfato presente nos efluentes de curtumes e relataram uma remoção de mais de 90% dos iões sulfato. Banu e Kaliappan (2007) experimentaram um reator de fluxo ascendente para tratar efluentes de curtumes. Suthantharajan (2004) sugeriu um processo de membrana para o tratamento e reutilização de efluentes de curtumes. De um modo geral, estes tratamentos convencionais são incapazes e não atingem frequentemente os limites de descarga para reduzir todos os parâmetros poluentes, CQO, cloretos, sulfatos e amoníaco (Molinari *et al.*, 1997; Molinari *et al.*, 2001; Mohajerani *et al.*, 2009).

1.2.2 Processo de oxidação avançado (POA)

Os métodos biológicos de tratamento de efluentes industriais são adequados apenas para substâncias orgânicas facilmente degradáveis. No entanto, estes métodos tornam-se ineficazes para os efluentes que contêm poluentes orgânicos refractários (resistentes ao tratamento biológico). Para ultrapassar este problema, foram desenvolvidos processos de oxidação avançados (POA) (Rameshraja e Suresh, 2011). Nos POA, são gerados oxidantes muito potentes, como o ozono, o peróxido de hidrogénio, o oxigénio de fenton e o ar, através de diferentes técnicas. Os radicais oxidantes são muito reactivos e atacam as moléculas orgânicas com constantes de velocidade muito elevadas (Hoigne et al., 1997). Além disso, os oxidantes são caracterizados por uma baixa seletividade, o que é um atributo útil para um oxidante utilizado no tratamento de águas residuais e para resolver problemas de poluição. A versatilidade dos POA é também reforçada pelo facto de oferecerem diferentes formas possíveis de produção de oxidante, permitindo assim uma melhor conformidade com os requisitos específicos de tratamento. Os processos de oxidação avançados (POA) são uma tecnologia emergente e promissora, tanto como tratamento alternativo aos métodos convencionais de tratamento de águas residuais como para melhorar os actuais métodos de tratamento biológico, especialmente quando se trata de resíduos altamente tóxicos e pouco biodegradáveis (Chamarroet *al.*, 2001; Lidia *et al.*, 2005a; Stanislaw *et al.*, 2001; Tzitziet *al.*, 1994). A principal desvantagem dos POA é o facto de serem caros em comparação com os sistemas biológicos convencionais (Gimeno *et al.*, 2005). A combinação de processos químicos e biológicos pode resultar num processo mais económico com uma degradação completa dos produtos químicos tóxicos.

1.2.3 Técnicas de tratamento eletroquímico

A eletroquímica é um ramo da química física que desempenha um papel importante na maioria das áreas da ciência e da tecnologia. Além disso, é cada vez mais reconhecida como um meio significativo para lidar com os problemas ambientais e energéticos enfrentados atualmente e num futuro próximo. Resumidamente, a eletroquímica trata da transferência de carga na interface entre um material condutor de eletricidade (ou semicondutor) e um condutor iónico (por exemplo, líquidos, fundidos ou electrólitos sólidos), bem como das reacções no interior dos electrólitos e do equilíbrio resultante. A primeira aplicação da técnica eletroquímica para a purificação da água foi feita por eletrocoagulação da água potável nos EUA em 1946 (Stuart et al 1946, Bonilla et al 1947).

Atualmente, as tecnologias electroquímicas atingiram um estado em que não só são comparáveis a outras tecnologias em termos de custo, mas também potencialmente mais eficientes e, em algumas situações, as tecnologias electroquímicas podem ser o passo indispensável no tratamento de águas residuais que contêm poluentes refractários (Chen et al 2004; Genders e Weinberg, 1992). As tecnologias electroquímicas oferecem vários processos de tratamento, como a electro-oxidação, a electro-coagulação, a electro-desinfeção e a electro-deposição. Muitos investigadores realizaram uma extensa pesquisa sobre o tratamento de várias águas residuais utilizando tecnologias electroquímicas. A técnica eletroquímica oferece várias vantagens (Rajeshwar et al.,

1994), tais como

(i) *versatilidade* - oxidações e reduções diretas ou indirectas, separações de fases, concentrações ou diluições, funções biocidas, pode tratar muitos poluentes: gases, líquidos e sólidos, e pode tratar desde micro litros a milhões de litros, e

(ii) *Eficiência energética* - os processos electroquímicos têm geralmente temperaturas mais baixas. Os potenciais podem ser controlados e os eléctrodos e as células podem ser concebidos para minimizar as perdas de energia.

(iii) *Facilidade de automatização* - as variáveis eléctricas utilizadas nos processos electroquímicos (I, E) são particularmente adequadas para facilitar a aquisição de dados, a automatização e o controlo dos processos.

(iv) *Compatibilidade ambiental* - o principal reagente aqui, o eletrão, é um "reagente limpo" e muitas vezes não há necessidade de adicionar reagentes extra.

(v) *rentabilidade* - o equipamento e as operações necessárias são geralmente simples e, se corretamente concebidos, são também pouco dispendiosos

A destruição eletroquímica de resíduos apresenta várias vantagens em termos de custos e de segurança. O processo funciona com uma eficiência eletroquímica muito elevada e opera essencialmente sob as mesmas condições para uma grande variedade de resíduos.

1.3 ELECTRO-OXIDAÇÃO

No método de electro-oxidação, é fornecida corrente contínua (CC) ao cátodo, ao ânodo e ao eletrólito (um meio que fornece o mecanismo de transporte de iões entre o ânodo e o cátodo necessário para sustentar o processo eletroquímico). No cátodo (um elétrodo no qual ocorre a redução e do qual os electrões são repelidos) podem ser removidos catiões metálicos (principalmente metais pesados); e no ânodo (um elétrodo no qual ocorre a oxidação e para o qual os electrões viajam) alguns poluentes (por exemplo, compostos orgânicos) podem ser diretamente oxidados. Além disso, pode ocorrer uma reação de oxidação em solução a granel por um oxidante gerado pelos eléctrodos. A oxidação eletroquímica tem sido amplamente investigada como um meio altamente eficiente de controlar a poluição no tratamento da água e das águas residuais. Uma vantagem importante da oxidação eletroquímica é a oxidação de poluentes orgânicos em CO_2.

Os poluentes orgânicos e tóxicos presentes nas águas residuais são normalmente destruídos por um processo anódico direto ou por uma oxidação anódica indireta. O tempo de oxidação depende da estabilidade e da concentração dos compostos, da concentração do eletrólito, do pH da solução e da tensão aplicada. A taxa de electro-oxidação direta dos poluentes orgânicos depende da atividade catalítica do ânodo, das taxas de difusão dos compostos orgânicos nos pontos activos do ânodo e da densidade da corrente aplicada. A taxa de electro-oxidação indireta depende da taxa de difusão dos oxidantes secundários na solução, da temperatura e do pH. A degradação eficaz dos poluentes baseia-se no processo eletroquímico direto porque os oxidantes secundários são capazes de converter completamente todos os compostos orgânicos em água e dióxido de carbono.

1.4 MECANISMO DE ELECTROOXIDAÇÃO

O mecanismo de oxidação eletroquímica das águas residuais é um fenómeno complexo que envolve o acoplamento de uma reação de transferência de electrões com uma etapa de quimisorção de dissociação. Foram descritos dois tipos limitantes de comportamento do ânodo (classificados como activos ou inactivos, dependendo da natureza química dos materiais do ânodo). Os eléctrodos activos sofrem alterações significativas durante o processo e medeiam a oxidação de espécies orgânicas através da formação de óxidos do metal com um estado de oxidação mais elevado (MO_{x+1}), sempre que esse estado de oxidação mais elevado esteja disponível para o óxido metálico (por exemplo, Pt, RuO_2 ou IrO_2), conduzindo a uma oxidação selectiva. Os eléctrodos inactivos actuam simplesmente como sumidouros de electrões e os seus componentes não participam no processo. Os eléctrodos inactivos não dispõem de um estado de oxidação superior e a espécie orgânica é diretamente oxidada por um radical hidroxilo adsorvido, resultando geralmente na combustão completa da molécula orgânica. Os eléctrodos inactivos típicos incluem eléctrodos de película fina de diamante e óxidos metálicos totalmente oxidados, como o PbO2 e o SnO_2.

Na electro-oxidação indireta, os sais de cloreto de sódio são adicionados como electrólitos ao efluente para uma melhor condutividade e geração de HOCl ou iões hipoclorito. No curtimento do couro, são adicionadas quantidades significativas de sal (cloreto de sódio) ao couro e, por conseguinte, as águas residuais contêm iões cloreto, normalmente na gama de 1,5 - 2,0 mg/lit, pelo que não é necessário adicionar electrólitos externos. Na primeira etapa, o H_2O é descarregado no ânodo para produzir radicais hidroxilo adsorvidos de acordo com a reação

$$RuO_x - TiO_x + H_2O \longrightarrow RuO_x - TiO_x(\bullet OH) + H^+ + e^- \qquad (1)$$

Quando o NaCl é utilizado como eletrólito de suporte em meio alcalino, os iões cloreto podem reagir anodicamente com RuO_x-$TiO_\chi(\cdot 0H)$ para formar radicais -OCl adsorvidos de acordo com a reação

$$RuO_x - TiO_x(\bullet OH) + Cl^- \longrightarrow RuO_x - TiO_x(\bullet OCl) + H^+ + 2e^- \qquad (2)$$

Além disso, na presença de ião cloreto, os radicais hipoclorito adsorvidos podem interagir com o oxigénio já presente no ânodo de óxido com a possível transição do oxigénio do radical hipoclorito adsorvido para o óxido, para formar o óxido superior RuOx-TiOx +1 de acordo com a reação 3. Simultaneamente, o RuO_χ-$TiO_\chi(\cdot OCl)$ pode reagir com o ião cloreto para gerar oxigénio ativo (dioxigénio) e cloro, de acordo com as reacções

$$RuO_x - TiO_x(\bullet OCl) + Cl^- \longrightarrow RuO_x - TiO_x{+}1 + Cl_2 + e^- \qquad (3)$$

$$RuO_x - TiO_x(\bullet OCl) + Cl- \longrightarrow RuO_x - TiO_x + \tfrac{1}{2}\,O_2 + Cl_2 + e^- \qquad (4)$$

As reacções de oxidação anódica dos iões cloreto para formar cloro em solução a granel, tal como indicado nas equações 3 e 4, prosseguem do seguinte modo

$2Cl^- \longrightarrow Cl_2 + 2e^-$ (5)

$2OH^- \longrightarrow \frac{1}{2} O_2 + H_2O + 2e^-$ (6)

$Cl_2 + H_2O \longrightarrow H+ + Cl^- + HOCl$ (7)

$HOCl \longrightarrow H^+ + OCl^-$ (8)

$Organic + OCl^- \longrightarrow CO_2 + H_2O + Cl^-$ (9)

Como os compostos orgânicos do efluente são electroquimicamente inactivos, a reação primária que ocorre nos ânodos é a oxidação do ião cloreto (eqs 3 e 4) com libertação de Cl2, que é um agente oxidante robusto. A reação lateral anódica (isto é, evolução do oxigénio), pela oxidação do ião hidroxilo, também ocorre nas condições experimentais. O pH é um dos factores determinantes da predominância desta reação. As condições ácidas reduzem a contribuição desta reação anódica. Uma vez que o oxigénio é um oxidante relativamente fraco, a sua evolução reduzirá geralmente a eficiência atual do processo. As finas bolhas de oxigénio formadas podem proporcionar não só um grande contacto interfacial gás-líquido, mas também uma melhor mistura para um melhor desempenho do reator. Para as reacções em massa, o Cl2 gasoso dissolve-se nas soluções aquosas em resultado da ionização, como indicado na eq 7. A velocidade da reação em massa é mais baixa em soluções ácidas devido à instabilidade do OH e é consideravelmente mais elevada em soluções básicas devido à formação imediata do ião OCl- (*pKa*) 7,44) pela eq 8, o que implica que as condições de pH básico ou neutro são mais favoráveis para a realização de reacções envolvendo o cloro. A taxa de electro-oxidação indireta dos poluentes orgânicos depende da taxa de difusão dos oxidantes na solução, do caudal do efluente, da temperatura e do pH. Em soluções moderadamente alcalinas, ocorre um ciclo cloreto-cloro - hipoclorito - cloreto, que produz OCl-. A teoria do pseudo-estado estacionário pode ser aplicada a cada um dos produtos intermédios (HOCl e OCl-) na solução a granel.

1.5 ELÉCTRODO DE DISCO ROTATIVO

O elétrodo de disco rotativo foi concebido para ser montado num eixo de um motor de velocidade variável com uma velocidade angular ajustada em torno de um eixo perpendicular ao plano da superfície do disco. Como resultado do movimento, o fluido na camada adjacente tem uma velocidade radial que o afasta do centro do disco. Este fluido é reabastecido por um fluxo perpendicular à superfície. Em aplicações específicas, o elétrodo de disco rotativo pode ser utilizado para aumentar a transferência de massa, conduzindo ao desengorduramento da camada de difusão. O movimento de rotação é transmitido ao elétrodo em vez de um conjunto de agitação separado. Trata-se de um elétrodo hidrodinâmico utilizado num sistema eletroquímico. O disco rotativo arrasta a solução e, devido à força centrífuga, a solução afasta-se do centro do elétrodo. Devido a esta ação, a solução à superfície do elétrodo é reabastecida pela solução a granel em cada rotação. Isto resulta num aumento da taxa de transporte de massa devido à convecção forçada e depende fortemente da velocidade angular do elétrodo. A figura 1.5 apresenta um esquema do padrão de fluxo num disco rotativo.

No elétrodo de disco rotativo à escala industrial, o elétrodo é geralmente constituído por vários discos apoiados num eixo. O elétrodo de disco rotativo foi concebido para ser montado num eixo de um motor de velocidade variável com velocidade angular ajustada em torno de um eixo perpendicular ao plano da superfície do disco. Como resultado do movimento, o fluido na camada adjacente tem uma velocidade radial que o afasta do centro do disco. Este fluido é reabastecido por um fluxo perpendicular à superfície. Em aplicações específicas, o elétrodo de disco rotativo pode ser utilizado para aumentar a transferência de massa, conduzindo à diminuição da camada de difusão.

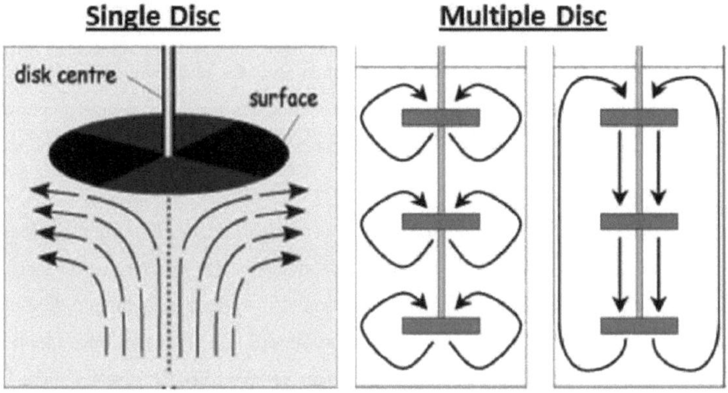

Fig 1.2 Padrão de fluxo idealizado do RDE.

Os ânodos de titânio são utilizados em equipamentos de última geração como ânodos para uma vasta gama de aplicações electroquímicas. A excelente estabilidade do titânio contra a corrosão superficial e por picadas torna-o dimensionalmente estável, permitindo inovações drásticas na conceção do equipamento, nas condições de funcionamento e no consumo de energia de muitos processos de eletrólise.

A aplicação de revestimentos contendo óxidos metálicos mistos (MMO), tais como RuO2, IrO2, TiO2 e Ta2O5, permite uma redução notável do potencial global de evolução anódica do cloro e do oxigénio. Além disso, a excelente estabilidade do ânodo de titânio revestido com MMO não contamina o sistema de eletrólise, melhorando a pureza dos produtos e os custos de manutenção.

Os cátodos de aço inoxidável são resistentes à corrosão mesmo a altas temperaturas. A sua notável resistência à corrosão deve-se a uma película de óxido rica em crómio que se forma na sua superfície. Os aços testados têm o potencial de reduzir o custo de capital dos cátodos, ao mesmo tempo que fornecem um cátodo tecnicamente sólido.

CAPÍTULO 2

REVISÃO DA LITERATURA

Vijayalaksmi *et al.*, (2011) compararam as opções de electro-oxidação e oxidação avançada como técnica de tratamento terciário para a purificação de águas residuais de curtumes. A remoção de COT de 85% foi conseguida pelo processo UV/O3/H2O2, enquanto que a electro-oxidação dificilmente atingiu 50%. Os dados cinéticos indicam que a degradação de substâncias orgânicas por electro-oxidação é um processo de controlo de corrente. A fim de minimizar o consumo de energia, foi tentado um processo em duas fases, envolvendo a electro-oxidação na primeira fase e a oxidação avançada na segunda fase. Os resultados indicaram que a remoção de COT por oxidação avançada se tornou lenta, quando as águas residuais foram processadas inicialmente por electro-oxidação. No entanto, os efluentes processados por EO foram considerados completamente desinfectados.

Costa *et al.*, (2010) estudaram o tratamento eletroquímico de uma água residual sintética de curtume, preparada com vários compostos utilizados em curtumes de acabamento, em meios isentos de cloretos. O diamante dopado com boro (Si/BDD), o dióxido de estanho dopado com antimónio (Ti/SnO2-Sb) e o dióxido de estanho dopado com irídio e antimónio (Ti/SnO2-Sb-Ir) foram avaliados como ânodos. Os resultados mostraram que ocorreu uma diminuição mais rápida da COD/TOC quando foi utilizado o ânodo Si/BDD. Foram obtidos bons resultados com o ânodo Ti/SnO2-Sb, mas a sua completa desativação foi atingida após 4 horas de eletrólise a 25 mA cm^{-2} , indicando que a vida útil deste elétrodo é curta. O ânodo Ti/SnO2- Sb-Ir é química e electroquimicamente mais estável do que o ânodo Ti/SnO2-Sb, mas não é adequado para o tratamento eletroquímico nas condições estudadas.

Sarvanapandian *et al.*, (2010) estudaram o tratamento eletroquímico de águas residuais salinas com carga orgânica (proteínas). A influência dos parâmetros críticos da electro-oxidação, tais como o pH, o período, a concentração de sal e a densidade de corrente na redução da carga orgânica, foi estudada utilizando eléctrodos de grafite. Verificou-se que a densidade de corrente de 0,024 A/cm^2 durante um período de 2 h a um pH de 9,0 produziu os melhores resultados em termos de redução da CQO e do TKN. A necessidade de energia para a redução de 1 kg de TKN e 1 kg de CQO é de 22,45 kWh e 0,80 kWh, respetivamente, a pH 9 e 0,024 A/cm .^{2}

Ahmed Basha *et al.*, (2009) investigaram a degradação eletroquímica do licor de imersão, do efluente de curtimento e do efluente pós-curtimento utilizando um ânodo insolúvel de substrato de titânio revestido com Ti/RuOx-TiOx (TSIA). O tratamento foi considerado eficaz para o licor de imersão na mineralização quase completa da parte orgânica. Uma concentração elevada de cloreto de sódio torna o processo eficaz, melhorando a taxa, a conclusão e a eficiência energética do processo. O ponto de funcionamento ótimo que dá uma remoção máxima de CQO (94,8%) foi encontrado usando RSM a um caudal de circulação de 142,8 L h^{-1} , uma densidade de corrente de 5,8 A dm^{-2} , e um tempo de 7,05 h.

Rameshraja *et al.,* (2009) analisaram as várias oxidações e processos combinados no tratamento de águas residuais de curtumes, tais como UV/H2O2/Hipocloritos, Fenton e Electro-oxidação, foto-química, foto-catalítica, oxidação electro-catalítica, oxidação por ar húmido, ozonização, biológica seguida de ozono/UV/H2O2, coagulação ou electro-coagulação e tratamentos catalíticos. Para os efluentes de curtumes com sulfureto como principal fonte de poluente, a eletrocoagulação é o melhor processo de remoção, ao passo que para o crómio, o processo de oxidação foto-catalítica utilizando nano-TiO2 e a oxidação por ar húmido na presença de sulfato de manganês e carvão ativado como catalisador são processos eficientes.

Lidia Szpyrkowicz *et al.*, (2005) estudaram a influência de ânodos baseados em metais nobres e óxidos metálicos (Ti/Pt-Ir, TiZPbO?, Ti/PdO-Co3O4 e Ti/RhOx-TiO?) na oxidação eletroquímica para o tratamento de águas residuais de curtumes. O estudo mostrou que a taxa de remoção de poluentes foi significativamente influenciada pelo tipo de material do ânodo e também pelos parâmetros electroquímicos. O modelo cinético de pseudo-primeira ordem aplicado para a interpretação dos resultados mostrou que os ânodos Ti/Pt-Ir e Ti/PdO-Co3O4 tiveram um melhor desempenho do que os outros dois eléctrodos na maioria das condições testadas, com a maior taxa de remoção obtida para o amoníaco (constante de taxa cinética k ¼ 0:75 min^{-1}).

Marco Panizza *et al.*, (2004) investigaram a oxidação eletroquímica de águas residuais de curtumes vegetais como tratamento terciário através da realização de eletrólise galvanostática utilizando dióxido de chumbo (Ti/PbO2) e uma mistura de titânio e óxido de ruténio (Ti/TiRuO2) como ânodos em diferentes condições experimentais. Os resultados experimentais mostraram que ambos os eléctrodos realizaram a mineralização completa das águas residuais. Em particular, a oxidação ocorreu no ânodo de PbO2 por transferência direta de electrões e oxidação indireta mediada por cloro ativo, enquanto que no ânodo de Ti/TiRuO2 ocorreu apenas por oxidação indireta. O ânodo Ti/PbO2 apresentou uma taxa de oxidação ligeiramente mais elevada do que a observada no ânodo Ti/TiRuO2. Embora o Ti/TiRuO2 exigisse quase o mesmo consumo de energia para a remoção completa da CQO, era mais estável e não libertava iões tóxicos, pelo que era o melhor candidato para aplicações industriais.

N N Rao *et al.,* (2001) investigaram o tratamento eletroquímico de águas residuais de curtumes utilizando ânodos de Ti/Pt, Ti/PbO2 e Ti/MnO2 e um cátodo de Ti num reator descontínuo agitado de dois eléctrodos. As alterações na concentração de cor, na carência química de oxigénio (CQO), no amoníaco ($NH4^{+}$), no sulfureto e no crómio total foram determinadas em função do tempo de tratamento e da densidade de corrente aplicada. A eficiência do Ti/Pt foi de 0,802 kgCOD h A m^{-1-1-2} e 0,270 $kgNH4^{+}$ h^{-1} A m^{-1-2} , e o consumo de energia foi de 5,77 $kWhkg^{-1}$ COD e 16,63 $kWhkg^{-1}$ de $NH4^{+}$. A ordem de eficiência dos ânodos foi Ti/Pt ≫ Ti/PbO2 > Ti/MnO2. Os resultados indicam que o método de electro-oxidação pode ser utilizado para a oxidação eficaz de águas residuais de curtumes e pode ser obtido um efluente final com uma carga de poluição substancialmente reduzida.

Lidia Szpyrkowicz *et al.*, (1995) investigaram o tratamento de águas residuais de curtumes pelo método eletroquímico utilizando eléctrodos Ti/Pt e Ti/Pt/Ir. O objetivo de uma eliminação satisfatória de NH^{+} 4 de águas residuais de diferentes intensidades foi alcançado utilizando ambos os tipos de eléctrodos. Um ânodo de Ti/Pt/Ir demonstrou ter as propriedades electro-catalíticas para a remoção de NH^{+} 4, mas resultou ser mais sensível ao envenenamento por H2S contido nas águas residuais. Para ambos os tipos de eléctrodos, a remoção de NH^{+} 4 seguiu uma cinética de pseudo-primeira ordem, com a taxa a diminuir em função da presença de substâncias orgânicas. Foi observada uma remoção simultânea de CQO, particularmente com um ânodo Ti/Pt, mas a sua magnitude não foi suficiente para garantir o cumprimento dos limites de descarga ao tratar as águas residuais brutas apenas pelo processo eletroquímico. Em conclusão, o processo eletroquímico pode ser aplicado com sucesso como um polimento final ou uma alternativa à nitrificação biológica, mas não pode substituir completamente o tratamento tradicional das águas residuais de curtumes.

Yunlan Xu *et al.*, (2009) desenvolveram um reator fotocatalítico (PC) de disco rotativo duplo Cu-TiO2/Ti e aplicaram-no ao tratamento de águas residuais de laboratório e de corantes industriais. Discos redondos de TiO2/Ti e Cu do mesmo tamanho são ligados por um fio de Cu e fixados paralelamente num eixo que roda continuamente a 90 rpm. Obtém-se uma elevada eficiência de tratamento devido à foto-oxidação direta no foto-ânodo TiO2/Ti, bem como à degradação adicional no cátodo Cu, o que se especula através da oxidação indireta do peróxido de hidrogénio (H2O2) e da electro-redução direta do corante no cátodo. O mecanismo do reator de PC de disco rotativo duplo Cu-TiO2/Ti foi investigado. Numa solução de Rodamina B (RB) de 20 mg L^{-1} , foram medidos aproximadamente 100 mV de potencial e 10 μA de corrente entre o elétrodo de Cu e TiO2/Ti durante o tratamento de PC. Este fenómeno foi explicado pela transferência espontânea de electrões com base no mesmo princípio de estabelecimento de uma barreira Schottky. Na superfície do elétrodo de Cu, os fotoelectrões reduziram diretamente as moléculas de corante ou reagiram com o oxigénio dissolvido (DO) para formar H2O2.

Ashtoukhy *et al.*, (2009) estudaram um tratamento eletroquímico baseado no princípio da oxidação anódica para tratar os efluentes da fábrica de papel da Rakta's Pulp and Paper Company, onde a palha de arroz é utilizada para produzir pasta de papel. As experiências foram realizadas num recipiente cilíndrico agitado, revestido com uma folha de chumbo como ânodo, enquanto uma tela cilíndrica concêntrica de chapa de aço inoxidável foi colocada como cátodo. Foi estudado o efeito da densidade da corrente, do pH, da concentração de NaCl, da velocidade de rotação do impulsor e da temperatura na taxa de remoção de cor e de CQO. Os resultados mostraram que a utilização da técnica eletroquímica reduz a CQO de um valor médio de 5500 para 160. A percentagem de remoção de cor variou entre 53% e 100%, dependendo das condições de funcionamento. O cálculo do consumo de energia mostra que o consumo de energia varia entre 4 e 29kWh/m^3 de efluente, dependendo das condições de funcionamento. Os resultados experimentais provaram que a oxidação eletroquímica é uma ferramenta poderosa para o tratamento de efluentes de fábricas de papel onde a palha de arroz é utilizada como matéria-prima.

Ilje Pikaar et al., (2011) compararam o desempenho de cinco materiais diferentes de eléctrodos de titânio revestidos com óxidos metálicos mistos (MMO) para a remoção eletroquímica de sulfureto de águas residuais domésticas. Este estudo mostra que todos os materiais de eléctrodos de titânio revestidos com MMO estudados são materiais anódicos adequados para a remoção de sulfuretos de águas residuais. Os eléctrodos de titânio revestidos de Ta/Ir e Pt/Ir parecem ser os eléctrodos mais adequados, uma vez que possuem o menor potencial de evolução do oxigénio, são estáveis a baixas concentrações de cloreto e já são utilizados em aplicações à escala real.

Arseto et al., (2011) investigaram a oxidação eletroquímica de concentrado de osmose inversa em eléctrodos revestidos de titânio com óxido metálico misto (MMO). Utilizando sistemas electroquímicos de dois compartimentos à escala laboratorial, foram testados cinco materiais de eléctrodos (isto é, titânio revestido com IrO_2- Ta_2O_5, RuO_2- IrO_2, Pt-IrO_2, PbO_2 e SnO_2-Sb) como ânodos em experiências de modo descontínuo, utilizando ROC de uma estação avançada de tratamento de águas. O melhor desempenho de oxidação foi observado para os ânodos Ti/Pt- IrO2, seguido pelos ânodos Ti/SnO_2-Sb e Ti/PbO2.

Elisabetta Turro et al., (2011) estudaram a oxidação eletroquímica de lixiviado de aterro sanitário estabilizado com 2960 mg L^{-1} procura química de oxigénio (CQO) sobre um ânodo Ti/IrO2-RuO2 foi investigada na presença de HClO4 como eletrólito de suporte. A ênfase foi dada ao efeito de diferentes parâmetros como fonte de oxidantes extra electrogerados no desempenho. Os principais parâmetros que afectaram o processo foram o pH do efluente e a adição de sais. Obteve-se 90% de CQO, 65% de CT e remoção completa de cor e TPh com um consumo de eletricidade de 35 kWh kg^{-1} CQO removida.

2.1 ÂMBITO E OBJECTIVO DO PROJECTO

O objetivo da presente investigação é estudar a degradação completa de poluentes orgânicos presentes nos efluentes de curtumes através do método de electro-oxidação utilizando um novo reator eletroquímico de disco rotativo. Para atingir este objetivo, são definidos os seguintes objectivos

1. Conceção e fabrico de um reator eletroquímico de disco rotativo

2. Comparar o desempenho da electro-oxidação do efluente da fábrica de curtumes em três configurações convencionais de reactores electroquímicos, tais como em batelada, recirculação em batelada e de passagem única, a fim de selecionar uma melhor configuração de reator.

3. Estabelecer o mecanismo de degradação dos poluentes orgânicos através de modelação cinética.

4. Avaliar o potencial da oxidação eletroquímica para substituir o atual tratamento terciário das águas residuais de curtumes realizado com adsorção de carvão ativado

CAPÍTULO 3

MATERIAIS E MÉTODOS

Um elétrodo de disco rotativo (RDE), ilustrado na figura 3.1, é um sistema de elétrodo hidrodinâmico. O elétrodo roda durante as experiências, induzindo um fluxo de analito para o elétrodo. Os eléctrodos de disco rotativo são utilizados em estudos electroquímicos para investigar mecanismos de reação relacionados com a química redox, entre outros fenómenos químicos. O elétrodo de disco-anel rotativo, mais complexo, pode ser utilizado como elétrodo de disco rotativo se o anel for deixado inativo durante a experiência. No presente sistema, foi utilizado um cátodo rotativo de aço inoxidável e um ânodo estacionário de titânio revestido com óxido de ruténio (RuO_2). O elétrodo de disco rotativo tem um volume de 2,75 litros, um diâmetro exterior de 10 cm e uma altura vertical de 50 cm, como se mostra na figura 3.2.

Fig 3.1 Elétrodo de disco rotativo

Os eléctrodos activos sofrem alterações significativas durante o processo e medeiam a oxidação de espécies orgânicas através da formação de óxidos do metal com um estado de oxidação mais elevado (MO_{x+1}), sempre que esse estado de oxidação mais elevado esteja disponível para o óxido metálico (por exemplo, Pt, RuO_2 ou IrO_2), conduzindo a uma oxidação selectiva. Os eléctrodos inactivos actuam simplesmente como sumidouros de electrões e os seus componentes não participam no processo. Os eléctrodos inactivos não dispõem de um estado de oxidação superior e a espécie orgânica é diretamente oxidada por um radical hidroxilo adsorvido, resultando geralmente na combustão completa da molécula orgânica. Os eléctrodos inactivos típicos incluem eléctrodos de película fina de diamante e óxidos metálicos totalmente oxidados, como o PbO2 e o SnO_2. A área de superfície ativa do ânodo é de 365 cm^2 , onde ocorre a oxidação.

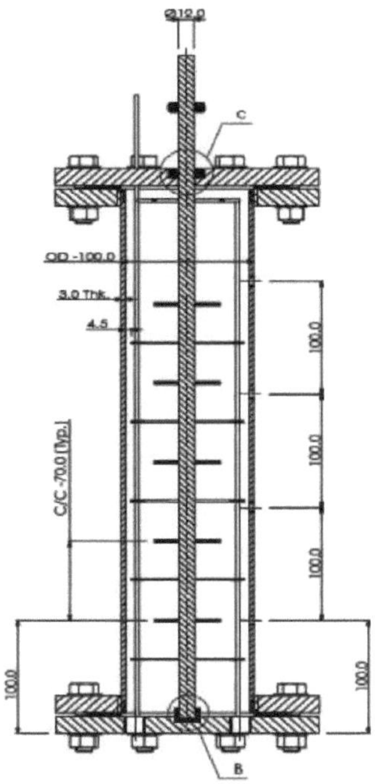

Fig 3.2 Vista frontal do elétrodo de disco rotativo com as dimensões

3.1 CARACTERÍSTICAS DO EFLUENTE

O efluente foi recolhido da CETP de Pallavaram, perto de Chennai. O efluente recolhido é um tratamento secundário pós-biológico. As caraterísticas do efluente são apresentadas na tabela 3.1.

O tratamento terciário do efluente é efectuado de forma convencional, utilizando a técnica de adsorção e carvão ativado como adsorvente. Como resultado, o efluente é reduzido para uma CQO inferior a 250 mg L^{-1} , o que satisfaz as normas ambientais de descarga. No entanto, esta técnica é dispendiosa e tem problemas de regeneração. A eliminação do carvão ativado saturado pode, por vezes, constituir um problema ambiental e não é geralmente preferida. No presente método, a oxidação eletroquímica foi utilizada como técnica de tratamento terciário.

Quadro 3.1 Caraterísticas do efluente secundário recolhido na CETP de Pallavaram

PARÂMETRO	VALOR
pH	7.55
Condutividade	10210 μMhos cm^{-1}
Crómio	Nulo
Cloreto	1450 mg L^{-1}
Sólidos totais dissolvidos (TDS)	5230 mg L^{-1}

Sólidos Suspensos Totais (SST)	126 mg L^{-1}
Carbono orgânico total (TOC)	361 mg L^{-1}

3.2 MODO BATALHA

À semelhança dos reactores convencionais, a taxa de reação (para remoção de COT) em lotes de eléctrodos de disco rotativo pode ser expressa como

$$-\left(\frac{V_e}{A_e}\right)\frac{dC}{dt} = \frac{i}{zF} = k_L C \qquad (10)$$

A integração da equação acima dá

$$C = C_o \exp(-k_L a_s\ t) \qquad (11)$$

Ou

$$-\ln\left[\frac{C}{C_o}\right] = k_L a_s\ t \qquad (12)$$

em que V_e= volume do efluente (cc), A_e= área anódica efectiva (cm^2), i= densidade de corrente (A/dm^2), z= número de electrões envolvidos na reação eletroquímica, F= constante de Faraday, C= COT (mg/l) no tempo t, C_0= COT inicial (mg/l) e, a_s= superfície anódica específica (1/cm)= A_e/V_e. Um gráfico de t vs. -ln(C/C_o) fornecerá a constante de velocidade k_L

Na conversão eletroquímica, os compostos aromáticos de elevado peso molecular e as cadeias alifáticas são decompostos em produtos intermédios para processamento posterior. Na combustão eletroquímica, os compostos orgânicos são completamente oxidados em CO_2 e H_2O. O progresso da destruição do poluente orgânico pode ser monitorizado através da estimativa do COT. Os potenciais necessários para a oxidação dos poluentes orgânicos são geralmente elevados e a produção de oxigénio a partir da eletrólise das moléculas de água pode determinar o rendimento da reação. A eficiência atual da eletrólise pode ser calculada utilizando a seguinte expressão.

$$\text{Current Efficiency (CE)} = \frac{Q\Delta C}{\left(\frac{161}{2F}\right)} x100 \qquad (13)$$

em que ΔC é a diferença de COT, em mg/l, devido ao tratamento por passagem de corrente I durante t segundos. V_e é o volume do efluente (cc). Q representa o caudal volumétrico em l/s. Enquanto a eficiência da corrente indica a fração da corrente total passada para a reação pretendida, o termo consumo de energia, E, é a quantidade de energia consumida no processo para que um kg de COT seja digerido.

3.3 MODO DE RECIRCULAÇÃO POR LOTES

A configuração experimental do modo de funcionamento descontínuo/ recirculação descontínua/ passagem única está representada esquematicamente na Fig. 3.3 Ao ajustar as válvulas, a mesma configuração pode ser operada nos modos descontínuo, recirculação descontínua ou passagem única (ou seja, no modo descontínuo, os fluxos 2 e 3 estão ausentes, no modo de recirculação descontínua o fluxo 3 está ausente e no modo de passagem única o fluxo 2 está ausente).

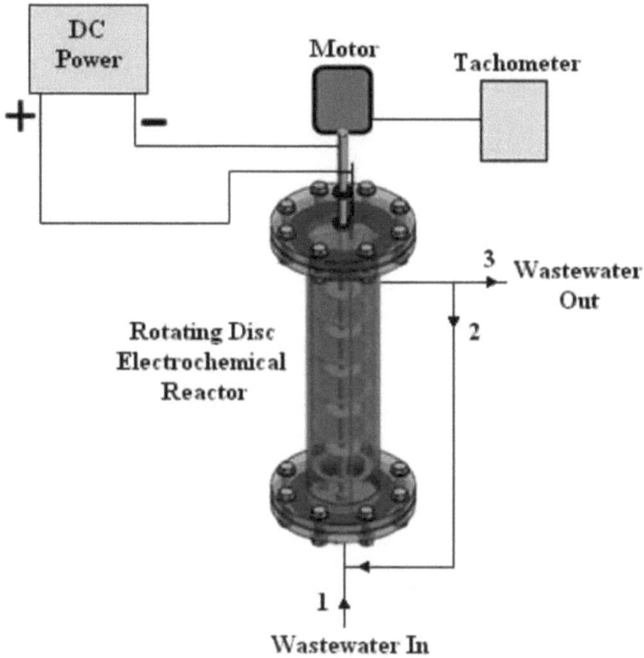

Fig 3.3 Instalação experimental constituída pelo RDE

O caudal de recirculação necessário (Q) foi estabelecido por bombagem e ajustamento das válvulas. A fonte de alimentação DC foi ligada aos eléctrodos mantendo uma corrente constante ao nível requerido e foram recolhidas amostras do fluxo de saída para cada condição experimental para estimativa do COT. A eficiência do reator eletroquímico foi estudada em várias condições de densidade de corrente, velocidade de rotação do cátodo, pH inicial e caudal de recirculação.

3.4 MODO DE PASSAGEM ÚNICA

O caudal necessário através do reator foi estabelecido por bombagem e ajustamento das válvulas (isto é, fluxo 1 e 2 em estado fechado). O modo de funcionamento de reciclagem foi alterado para o modo de passagem única, fechando a válvula de recirculação. O fluxo de compensação foi mais aberto para manter um volume de reservatório estável. A fonte de alimentação DC foi ligada aos eléctrodos mantendo uma corrente constante ao nível requerido e foram retiradas amostras para a estimativa do COT. Para cada caso experimental, foi permitido um tempo exato de residência no reator antes de recolher amostras do fluxo de saída para a estimativa do COT. A eficiência do reator eletroquímico foi estudada em várias condições de densidade de corrente, velocidade de rotação do cátodo, pH inicial e caudal.

CAPÍTULO 4

RESULTADOS E DISCUSSÃO

Foram realizadas experiências para otimizar os parâmetros como a densidade da corrente, a velocidade de rotação do cátodo, o pH inicial e o caudal de águas residuais. O Carbono Orgânico Total (COT) das amostras tratadas recolhidas num intervalo de 30 minutos foi medido para avaliar a eficiência do tratamento. O COT das águas residuais da fábrica de curtumes foi medido utilizando um analisador de COT Shimadzu. O desempenho do processo é definido de duas formas, uma em relação à percentagem de remoção de COT e outra em relação ao consumo específico de energia em termos de kWh/g de COT removido.

4.1 EFEITO DA DENSIDADE DA CORRENTE

A densidade da corrente é uma medida da densidade do fluxo de uma carga conservada. As experiências foram variadas com diferentes densidades de corrente, nomeadamente 5, 10, 15 e 20mA/cm^2 . A velocidade de rotação do cátodo foi fixada num valor constante de 250 rpm e um pH inicial de 7,5. Verificou-se que a percentagem de remoção de COT aumenta com o aumento da densidade da corrente. No modo descontínuo, a percentagem de remoção de COT atingiu um valor de 87,1 % em 2 horas de tratamento, enquanto no modo de recirculação em descontínuo atingiu um valor de 95% no mesmo período. Em ambos os métodos, verificou-se que uma densidade de corrente de 15mA/cm^2 era o valor ótimo, uma vez que um aumento para além desse valor apenas provocava um aumento marginal na remoção de COT. Este aumento marginal na remoção de COT pode ser atribuído ao facto de o processo ter atingido a sua saturação em termos da carga aplicada. Além disso, a 20mA/cm^2 , a temperatura das águas residuais tratadas foi superior em alguns graus, o que indica que a carga adicional se transformou em energia térmica. No modo "Once through", a experiência foi efectuada durante um tempo de residência hidráulica e a percentagem de remoção de COT obtida foi de 42% a 15mA/cm^2 com um caudal de água residual de 2 l/h. O efeito da densidade da corrente na percentagem de remoção de COT é apresentado nas figuras 4.1.1 e 4.1.2.

Tabela 4.1.1 Efeito da densidade de corrente na % de remoção de COT em modo descontínuo. pH: 7,5; Velocidade de rotação do cátodo: 250 rpm

Tempo (min)	i (mA/cm)^2				i (mA/cm)^2			
	5	10	15	20	5	10	15	20
	COT (mg/l)				Remoção de COT (%)			
0	361.42	361.42	361.42	361.42	0	0	0	0
30	281.51	223.21	161.91	118.13	22.10	38.24	55.20	67.31
60	207.89	132.30	58.03	53.33	42.47	63.39	83.94	85.24
90	161.91	104.54	34.44	34.44	55.20	71.07	90.46	90.46
120	118.13	68.26	25.72	29.31	67.31	81.11	92.88	91.88
150	104.54	58.03	23.79	23.71	71.07	83.94	93.41	93.50

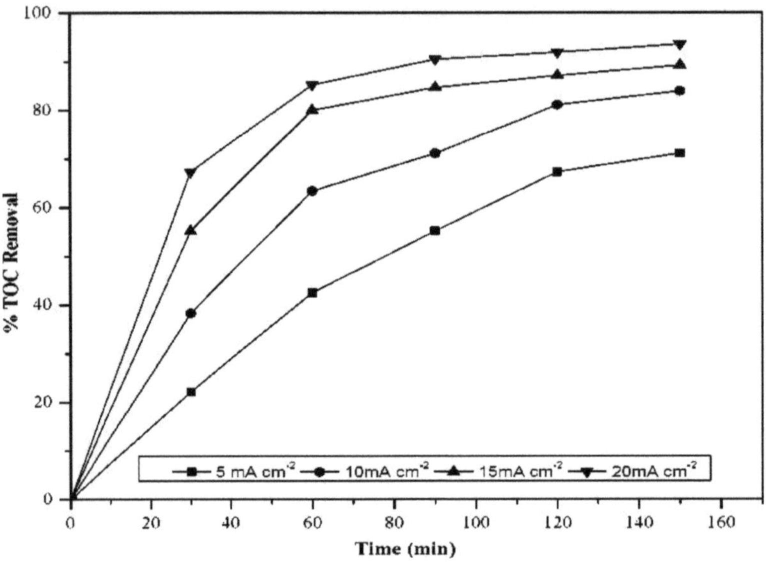

Fig 4.1.1 Efeito da densidade de corrente na % de remoção de COT vs. tempo de eletrólise. Velocidade de rotação do cátodo: 250 rpm; pH: 7,5;

Tabela 4.1.2 Efeito da densidade da corrente na % de remoção de COT em recirculação descontínua. Caudal: 60 lph; pH: 7,5; Velocidade de rotação do cátodo: 250 rpm

Tempo (min)	i (mA/cm)^2				i (mA/cm)^2			
	5	10	15	20	5	10	15	20
	COT (mg/l)				Remoção de COT (%)			
0	361	361	361	361	0	0	0	0
23.4	254.5	227.4	218.4	209.3	29.5	37.6	39.5	42
46.8	176.8	148.1	135.3	124.5	51.8	59.4	62.5	65.5
70.2	111.9	75.8	57.7	48.7	69.3	79.1	84.2	86.5
93.6	72.2	39.7	19.8	18.0	80.1	89.2	94.5	95.2
117	70.3	32.4	18.0	16.2	80.5	91	95.1	95.5

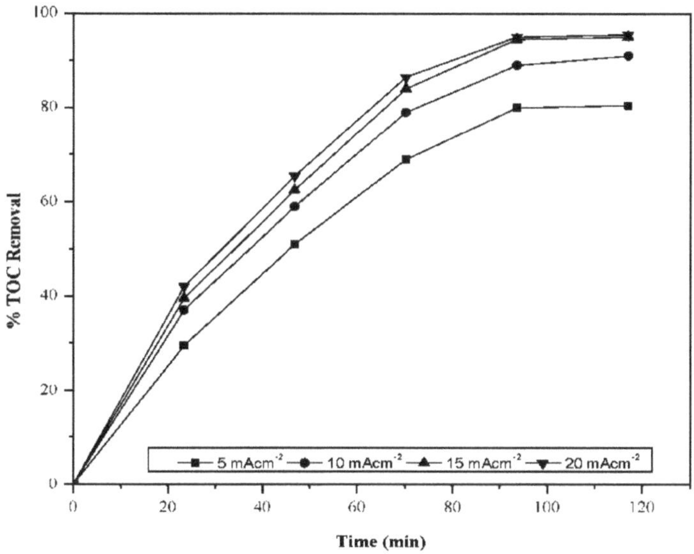

Fig 4.1.2 Efeito da densidade da corrente na % de remoção de COT em recirculação descontínua. Caudal: 60 lph; pH: 7,5; Velocidade de rotação do cátodo: 250 rpm;

4.2 EFEITO DA VELOCIDADE DE ROTAÇÃO DO CÁTODO

Para estudar o efeito da velocidade de rotação do cátodo na remoção de COT, foi realizada uma série de experiências a diferentes velocidades de rotação de 250, 500, 750 e 1000 rpm a uma densidade de corrente de 15mA/cm^2 e a um pH inicial de 7,5. A figura 4.2.1 e a figura 4.2.2 mostram o efeito da velocidade de rotação do cátodo na remoção de COT em modo descontínuo e em modo de recirculação, respetivamente. Verifica-se que a percentagem de remoção de COT aumenta com o aumento da velocidade de rotação do cátodo. Isto confirma o facto de a reação de remoção ser controlada por difusão, o aumento da velocidade de rotação leva a um aumento da intensidade da turbulência e reduz a espessura da camada de difusão na superfície do elétrodo e melhora as condições de mistura na massa do eletrólito. Isto aumenta a taxa de transferência de reagentes e produtos de e para a superfície do ânodo.

No modo por lotes, quando a velocidade é aumentada de 250 para 500 rpm, a percentagem de remoção de COT aumenta de 87,1% para 93,5% após 2 horas de tratamento. Um aumento adicional da velocidade de rotação provocou uma ligeira diminuição da remoção de COT. O efeito de aumento da velocidade de rotação sobre a taxa de remoção torna-se menos pronunciado a velocidades de rotação elevadas (por exemplo, >500 rpm), o que se deve provavelmente ao facto de a redução catódica controlada por difusão do hipoclorito e a sua reação de oxidação anódica serem favorecidas a uma velocidade de rotação elevada. Também a altas velocidades há formação de bolhas de gás que protegem o ânodo do contacto com o eletrólito, limitando assim a oxidação. Do mesmo modo, na recirculação por lotes, a remoção de COT aumentou de 75 % para 80,5 % após 2 horas e um aumento adicional da velocidade de rotação não provocou quaisquer alterações significativas. No modo "Once through", a remoção de COT aumentou de 51,6 % para 56,5 % após um tempo de residência hidráulica a um caudal de 2 l/h. Em todos os casos acima referidos, verificou-se que a velocidade de rotação do cátodo de 500 rpm era o valor ótimo.

Tabela 4.2.1 Efeito da velocidade de rotação do cátodo na % de remoção de TOC em modo descontínuo. Densidade de corrente: 15 mAcm^{-2} ; pH: 7,5;

Tempo (min)	RPM				RPM			
	250	500	750	1000	250	500	750	1000
	COT (mg/l)				Remoção de COT (%)			
0	361.42	361.42	361.42	361.42	0	0	0	0
30	161.91	146.93	146.93	139.56	55.20	59.34	59.34	61.38
60	58.03	68.26	68.26	37.56	83.94	85.24	81.11	85.24
90	34.44	48.91	41.01	23.47	90.46	91.23	88.65	89.60
120	25.72	34.44	29.31	31.69	92.88	93.50	91.88	90.46

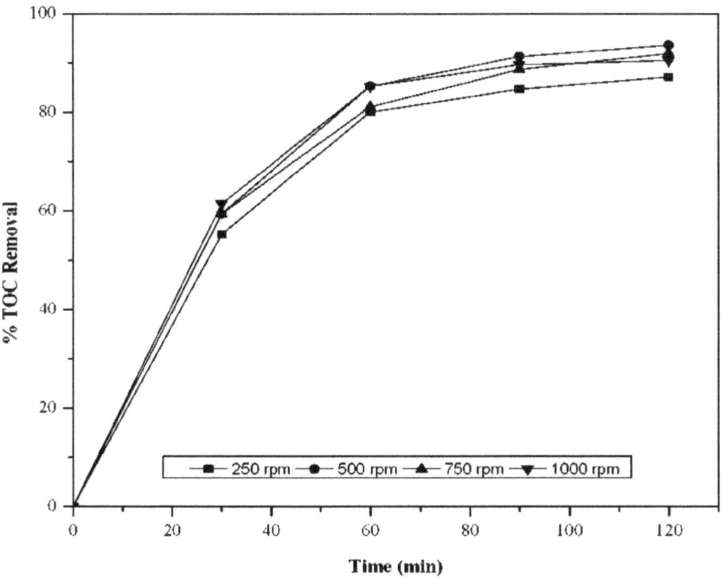

Fig 4.2.1 Efeito da velocidade de rotação do cátodo na % de remoção de TOC em modo descontínuo. Densidade de corrente 15mAcm^{-2} ; pH: 7,5;

Tabela 4.2.2 Efeito da velocidade de rotação do cátodo na % de remoção de TOC, Caudal: 60 lph; densidade de corrente: 5 mAcm^{-2} ; pH 7,5;

Tempo (min)	Velocidade de rotação do cátodo (rpm)				Velocidade de rotação do cátodo (rpm)			
	250	**500**	**750**	**1000**	**250**	**500**	**750**	**1000**
	COT (mg/l)				Remoção de COT (%)			
0	361	361	361	361	0	0	0	0
23.4	263.5	254.5	245.4	241.8	27.3	29.5	32	33.5
46.8	187.7	176.8	167.8	155.2	48.5	51.8	53.5	57
70.2	122.7	111.9	108.3	104.6	66.8	69	70.2	71
93.6	88.4	72.2	68.59	66.7	75.5	80.1	81.1	81.5
117	81.2	70.3	64.9	63.5	77.5	80.5	82	82.5

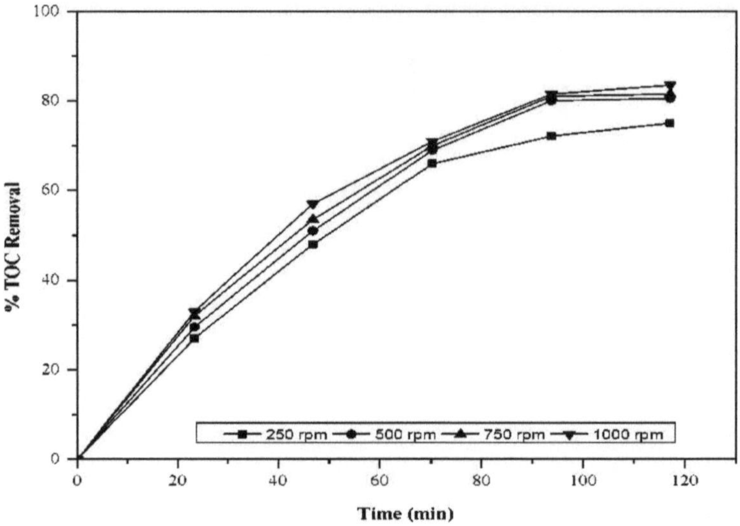

Fig 4.2.2 Efeito da velocidade de rotação do cátodo na % de remoção de COT em recirculação descontínua. Caudal: 60 lph; densidade de corrente: 5 $mAcm^{-2}$; pH 7,5;

4.3 EFEITO DO pH

Para estudar o efeito do pH na percentagem de remoção de COT, foi realizada uma série de experiências com diferentes pH para uma dada densidade de corrente de 15mA/cm^2 e uma velocidade de rotação do cátodo de 500rpm. A figura 4.3.1 e a figura 4.3.2 mostram o efeito do pH inicial na percentagem de remoção de COT nos modos de recirculação em batelada e em batelada, respetivamente.

Verificou-se que a percentagem de remoção de COT diminuía de forma constante com o aumento do pH inicial da água residual. Em modo descontínuo, a um pH de 4, a remoção de COT foi de 92,8 % e a um pH de 10 o valor desceu para 78 % após 2 horas de tratamento. Isto pode ser atribuído ao facto de que, a um pH mais baixo, o Cl2 evolui e, em condições alcalinas, o O2 evolui devido a uma reação lateral e é um oxidante mais fraco do que o Cl2. A um pH de 7,5 (pH original do efluente), a remoção de COT foi de 90,4%. Este pode ser utilizado como um pH ótimo, uma vez que o efluente está normalmente disponível nesta condição e não necessita de alteração do pH. Na recirculação em batelada a um pH de, foi observada uma remoção de COT de 95,5% e a pH 10, caiu para 82%. A mesma tendência também foi observada no modo "Once through", onde a remoção de COT caiu de 58,4 % para 42,1 %.

Tabela 4.3.1 Efeito do pH na % de remoção de COT em modo descontínuo. Densidade de corrente: 15 $mAcm^{-2}$; Velocidade de rotação do cátodo: 500 rpm;

Tempo (min)	pH				pH			
	4	6	7.5	10	4	6	7.5	10
	COT (mg/l)				Remoção de COT (%)			
0	361.42	361.42	361.42	361.42	0	0	0	0
30	104.54	118.13	146.93	238.33	71.074	67.31	59.34	34.05
60	58.03	58.03	68.26	223.21	83.94	83.94	81.11	38.24
90	34.44	41.01	48.91	118.13	90.46	88.65	86.46	67.31
120	25.72	29.31	34.44	79.49	92.88	91.88	90.46	78.01

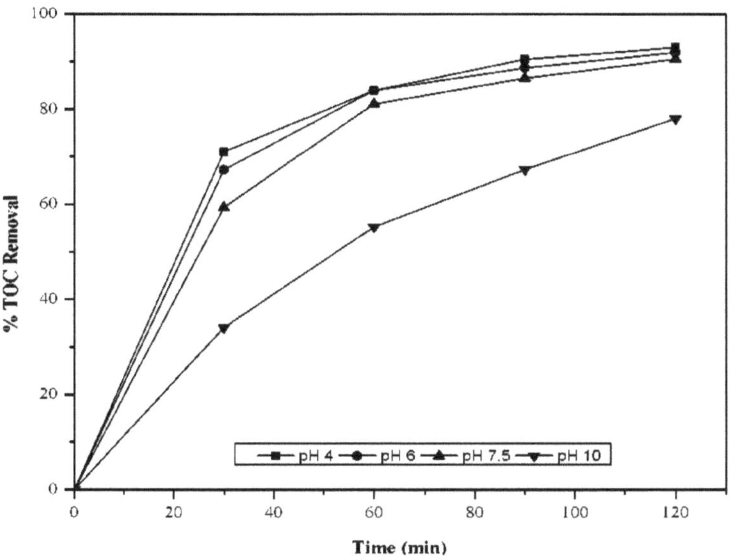

Fig 4.3.1 Efeito do pH na % de remoção de COT em modo descontínuo. Densidade de corrente: 15 $mAcm^{-2}$; Velocidade de rotação do cátodo: 500 rpm;

Tabela 4.3.2 Efeito do pH na % de remoção de COT em modo de recirculação descontínua. Caudal: 60 lph; densidade de corrente: 15 mAcm^{-2} ; velocidade de rotação do cátodo: 500 rpm;

Tempo (min)	pH			pH		
	4	6	7.5	4	6	7.5
	COT (mg/l)			Remoção de COT (%)		
0	361	361	361	0	0	0
23.4	209.3	218.4	261.7	42.4	39.6	27.5
46.8	124.5	135.3	176.8	65.3	62.5	51
70.2	48.7	57.7	117.3	86.4	8.24	67.5
93.6	18.0	19.8	68.5	95.1	94.5	81.1
117	16.2	18.0	64.9	95.5	95	82.2

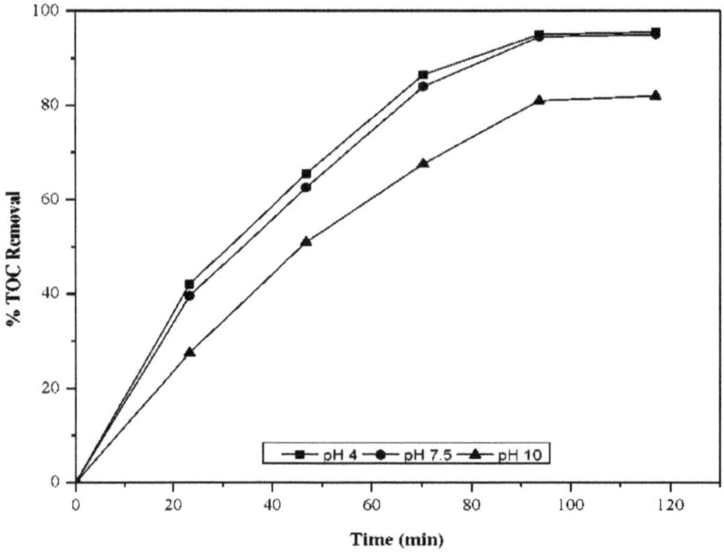

Fig 4.3.2 Efeito do pH na % de remoção de COT no modo de recirculação em lote. Caudal: 60 lph; densidade de corrente: 15 mAcm^{-2} ; velocidade de rotação do cátodo: 500 rpm;

4.4 EFEITO DO CAUDAL

Verificou-se também que o caudal das águas residuais durante o tratamento nos modos de recirculação por lotes e de passagem única afectava a remoção de COT. Os caudais utilizados na recirculação por lotes foram de 15, 30, 60 e 90 l/h, mantendo-se as outras condições constantes. Verificou-se que o aumento do caudal de recirculação aumentou a remoção de COT. A 15 l/h observou-se uma remoção de COT de 71 % e a 60 l/h aumentou para 77 %. A 90 l/h, a remoção de COT permaneceu a mesma, pelo que o caudal de 60 l/h pode ser fixado como o valor ótimo. No modo de passagem única, o tratamento foi efectuado com os caudais de 2, 3, 4 e 5 l/h. Utilizaram-se caudais mais baixos, uma vez que aumentam o tempo de residência no reator, aumentando assim a remoção de COT. Com um caudal de 2 l/h, observou-se uma remoção de COT de 22,5 % e, com 5 l/h, desceu para 3,2 %. A figura 4.4 mostra o efeito do caudal na remoção de COT no modo de recirculação em descontínuo.

Tabela 4.4 Efeito do caudal na % de remoção de COT no modo de recirculação em lote. Densidade de corrente: 5 mAcm^{-2} ; pH: 7,5; Velocidade de rotação do cátodo: 250 rpm;

Tempo (min)	Caudal (lph)				Caudal (lph)			
	5	10	15	20	5	10	15	20
	COT (mg/l)				Remoção de COT (%)			
0	361	361	361	361	0	0	0	0
23.4	285.1	277.9	263.5	259.9	21.1	23.5	27	28.4
46.8	220.2	202.1	187.7	180.5	39.2	44	48.3	50.5
70.2	158.8	138.9	122.7	115.5	56.1	61.5	66	68.8
93.6	115.5	97.47	88.4	86.6	68	73.4	75.5	76.1
117	104.6	95.66	83.0	83.0	71	73.5	77.1	77.1

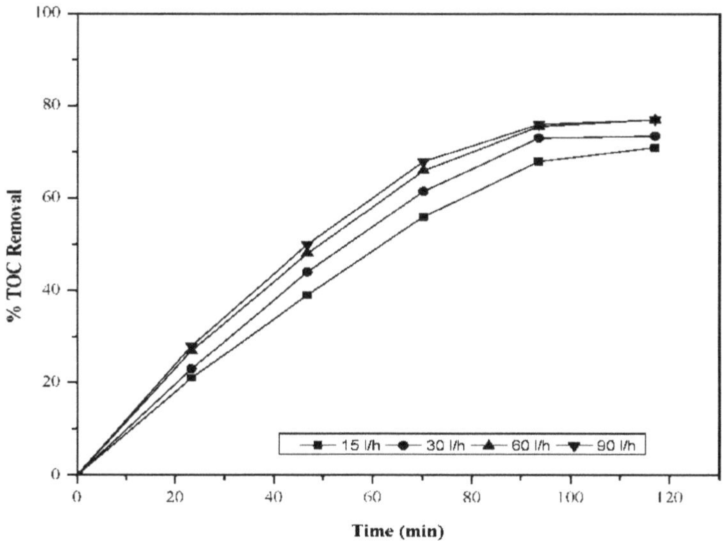

Fig 4.4 Efeito do caudal na % de remoção de COT no modo de recirculação em lote. Densidade de corrente: 5 mAcm^{-2} ; pH: 7,5; Velocidade de rotação do cátodo: 250 rpm;

4.5 CONSUMO ESPECÍFICO DE ENERGIA

O desempenho da electro-oxidação é também definido através do consumo de energia em termos de KWh/Kg de COT removido. O consumo de energia desempenha um papel importante, uma vez que limita a aplicabilidade comercial do processo. É definido como

$$Specific\ \ Energy\ \ Consumption\ (KWh/Kg\ \ of\ \ TOC) = \frac{VIt}{\Delta C * V_e}$$

Em que "V" é a tensão aplicada em volts; "I" é a corrente fornecida em mili Ampere; "t" é o tempo de eletrólise em horas. ΔC é a diminuição do COT expressa em mg/lit. "V_e" é o volume do efluente tratado em litros. Os valores do consumo específico de energia são apresentados na Tabela 4.5.1, na Tabela 4.5.2 e na Tabela 4.5.3 para os modos descontínuo, recirculação descontínua e um através, respetivamente.

Tabela 4.5.1 Valores de consumo específico de energia em modo batch

Densidade de corrente (i) mA/cm^2	Tensão da célula (V) Volts	Velocidade de rotação do cátodo (R) RPM	PH inicial	% Remoção de COT	Consumo específico de energia (E) KWh/Kg COT	Constante de velocidade (K_L) min^{-1}
5	4.7	250	7.5	67.3	30.1	0.008
10	5.6	250	7.5	81.1	60.5	0.012
15	8.6	250	7.5	87.1	125.2	0.018
20	10	250	7.5	91.8	193.9	0.017
15	8.6	500	7.5	93.5	100.1	0.023
15	9.0	750	7.5	91.8	106.1	0.021
15	11	1000	7.5	90.5	121.5	0.020
15	8	500	4	92.9	98.4	0.021
15	8.6	500	6	91.9	106.6	0.020
15	11	500	10	78.1	153.4	0.012

Tabela 4.5.2 Valores de consumo específico de energia no modo de recirculação por lotes

Densidade de corrente (i) mA/cm²	Tensão da célula (V) Volts	Águas residuais Caudal (Q) l/h	Velocidade de rotação do cátodo (R) RPM	pH inicial	% Remoção de COT	Consumo específico de energia (E) KWh/Kg COT	Constante de velocidade (K_L) min^{-1}
5	4.5	15	250	7.5	71	41.0	0.011
5	4.7	30	250	7.5	73.5	32.1	0.012
5	4.8	60	250	7.5	75.5	29.1	0.013
5	5.0	90	250	7.5	77	26.3	0.013
5	4.6	60	500	7.5	80.5	25.4	0.015
5	4.8	60	750	7.5	81.5	28.9	0.015
5	4.9	60	1000	7.5	83.5	34.1	0.016
10	8.2	60	500	7.5	91	55.3	0.021
15	10.1	60	500	7.5	95	62.1	0.028
20	11.2	60	500	7.5	95.5	85.1	0.029
15	10	60	500	4	95.5	62.3	0.029
15	9.8	60	500	10	82	66.1	0.015

Tabela 4.5.3 Valores de consumo específico de energia em modo de passagem única

Densidade atual (i) mA/c m²	Tensão da célula (V) Volts	Águas residuais Caudal (Q) l/h	Tempo de resíduo hidráulico (t) min	Velocidade de rotação do cátodo (R) RPM	PH inicial	% COT Removido	Consumo específico de energia (E) KWh/Kg TOC	Taxa de Constante (K_L) min^{-1}
5	4.2	2	82	250	7.5	22.5	46.5	0.003
5	4.1	3	55	250	7.5	16.2	42.1	0.003
5	4.1	4	41	250	7.5	6.5	78.6	0.001
5	4.6	5	33	250	7.5	3.2	143.4	0.001
10	6.3	2	82	250	7.5	27.4	114.6	0.004
15	9.1	2	82	250	7.5	42	162.1	0.006
20	10.9	2	82	250	7.5	51.6	210.6	0.008
20	11.2	2	82	500	7.5	56.5	197.6	0.010
20	12	2	82	750	7.5	58.2	205.6	0.011
20	12.5	2	82	1000	7.5	59.1	210.9	0.011
20	11.3	2	82	500	4	58.4	192.9	0.010
20	11.2	2	82	500	6	57.1	195.6	0.010
20	10.1	2	82	500	10	42.1	239.2	0.006

4.6 Estudo cinético

À semelhança dos reactores convencionais, a taxa de reação de primeira ordem (para remoção de COT) num reator eletroquímico de disco rotativo pode ser expressa como

$$\frac{dC}{dt} = \frac{i}{zF} = K_L C \qquad (14)$$

A integração da equação acima dá

$$C = C_O \exp(-K_L t) \qquad (15)$$

Ou

$$\ln\left(\frac{C_O}{C}\right) = K_L t \qquad (16)$$

Onde "i" é a densidade de corrente expressa em mA/cm^2 ; "z" é o número de electrões envolvidos na reação eletroquímica; "F" é a constante de Faraday. Um gráfico de t vs. ln(CO/C) fornece o declive que é a constante de velocidade (KL). As Figuras 4.6.1, 4.6.2 e 4.6.3 mostram o mecanismo de degradação dos poluentes ajustado utilizando o modelo cinético de primeira ordem para o modo descontínuo e as Figuras 4.6.4, 4.6.5, 4.6.6 e 4.6.7 representam a segurança para o modo de recirculação descontínuo. Os valores da constante de velocidade obtidos em diferentes condições de funcionamento são apresentados na Tabela 4.5.1, Tabela 4.5.2 e Tabela 4.5.3. Não foi utilizado um modelo de segunda ordem, uma vez que os valores obtidos para a qualidade do ajuste (R^2) neste caso eram fracos e, por conseguinte, não foram discutidos.

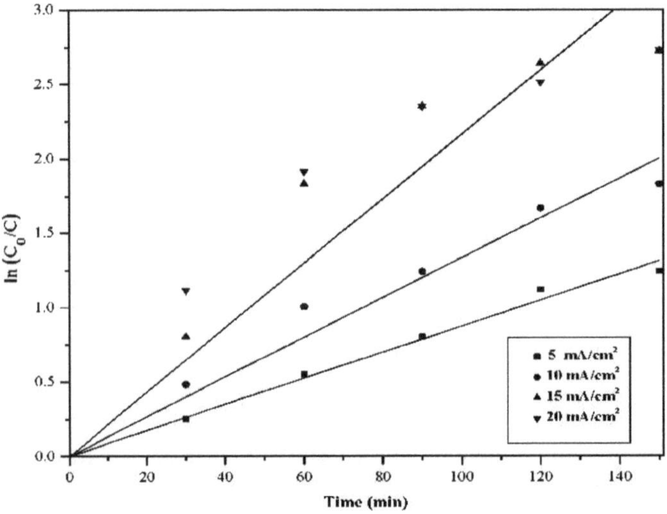

Figura 4.6.1 Mecanismo de degradação ajustado utilizando o modelo cinético de primeira ordem para o modo descontínuo. Velocidade de rotação do cátodo: 250 rpm; pH: 7,5;

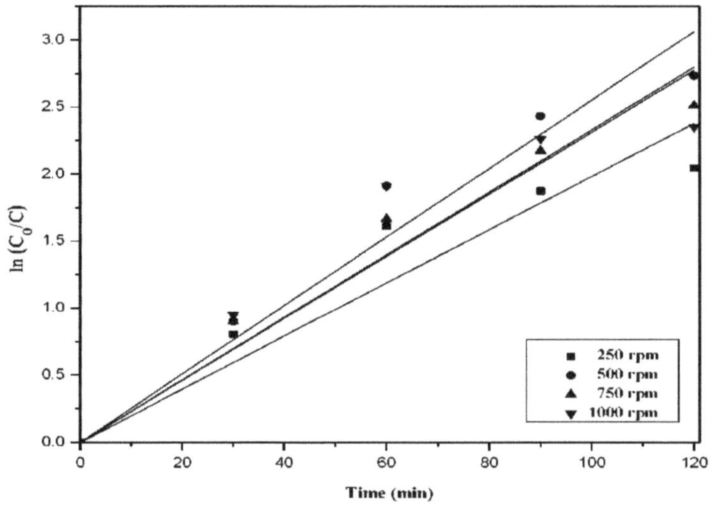

Figura 4.6.2 Mecanismo de degradação ajustado utilizando o modelo cinético de primeira ordem para o modo descontínuo. Densidade de corrente: 15mAcm^{-2} ; pH: 7,5;

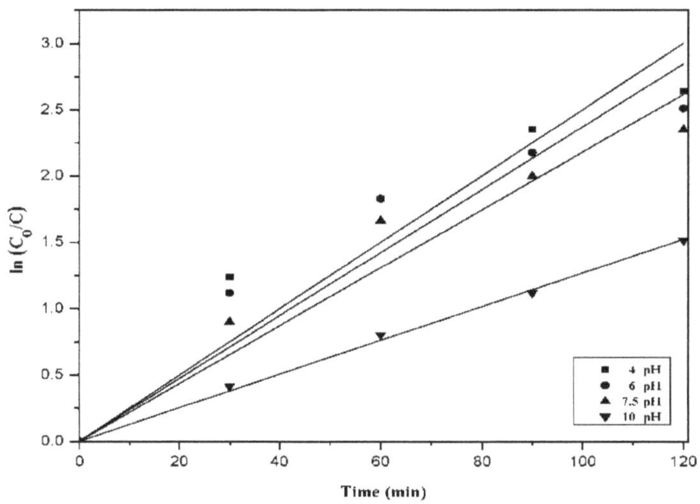

Figura 4.6.3 Mecanismo de degradação ajustado utilizando o modelo cinético de primeira ordem para o modo descontínuo. Densidade de corrente: 15mA/cm^2 ; velocidade de rotação do cátodo: 500 rpm;

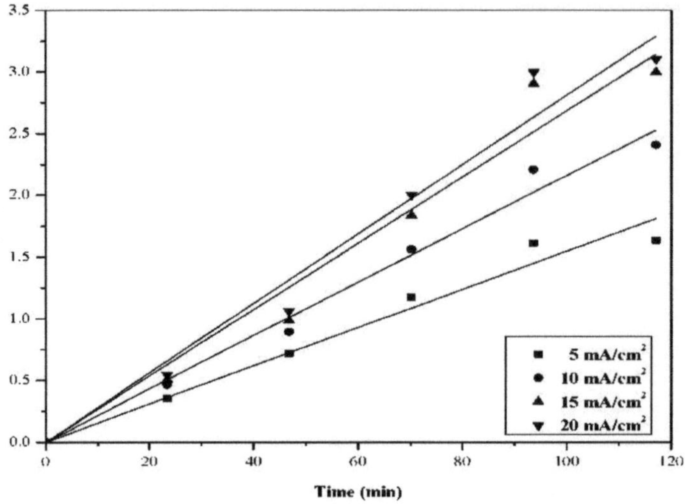

Figura 4.6.4 Mecanismo de degradação ajustado usando o modelo cinético de primeira ordem para o modo de recirculação em lote. Velocidade de rotação do cátodo: 250 rpm; pH: 7,5; Caudal: 60 l/h;

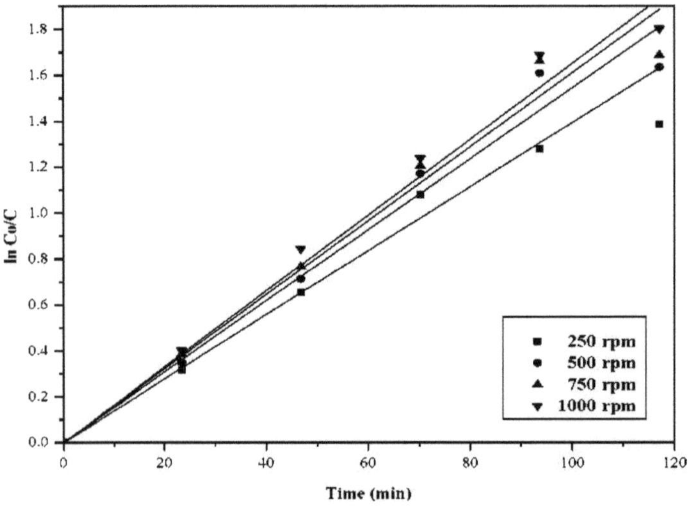

Figura 4.6.5 Mecanismo de degradação ajustado utilizando o modelo cinético de primeira ordem para o modo de recirculação em lote. Densidade de corrente: 15mA/cm^2 ; pH: 7,5; Caudal: 60 l/h;

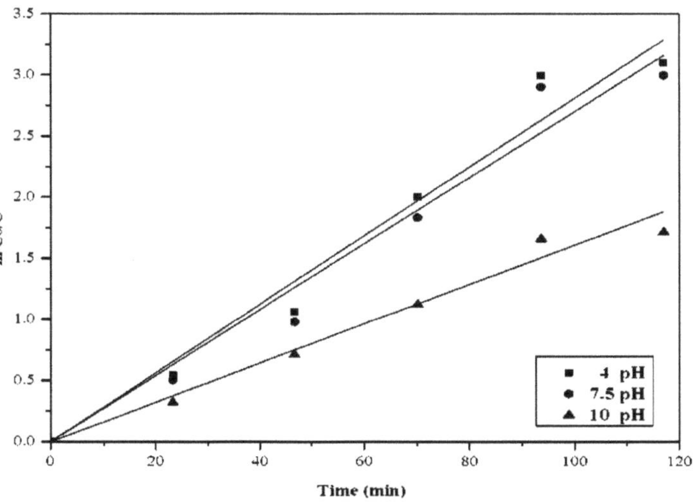

Figura 4.6.6 Mecanismo de degradação ajustado ao modelo cinético de primeira ordem para o modo de recirculação em lote. Densidade de corrente: 15mAcm^{-2} ; velocidade de rotação do cátodo: 500 rpm; caudal: 60 l/h;

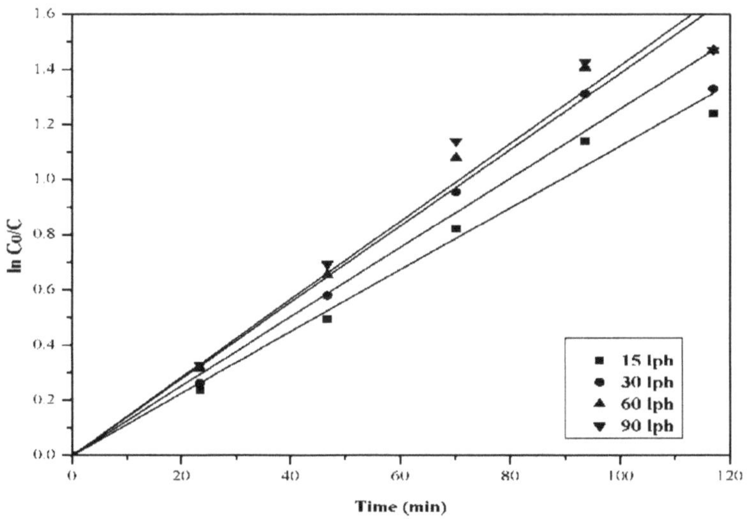

Figura 4.6.6 Mecanismo de degradação ajustado utilizando o modelo cinético de primeira ordem para o modo de recirculação em lote. Densidade de corrente: 15mA/cm^2 ; velocidade de rotação do cátodo: 500 rpm; pH: 7,5;

4.7 ANÁLISE GC-MS

Os compostos orgânicos presentes no efluente bruto e no efluente tratado foram identificados e quantificados através da análise por GCMS. A Figura 4.7.1 mostra o cromatograma do efluente bruto. Os fragmentos relativos positivos que correspondem a 90% ou mais dos compostos listados nas bibliotecas WILEY e NIST foram identificados e quantificados. Os principais compostos observados no efluente bruto e as suas respectivas concentrações estão expressos na Tabela 4.7.1

Tabela 4.7.1 Principais compostos orgânicos observados no efluente bruto

Componente	**R. Tempo (min)**	**Área**	**Concentração (ppb)**
Acetona	4.610	3106149	249.57
Cloreto de metileno	5.073	3221352	232.84
Acetonitrilo	5.331	6609885	34.87
Hexano	5.776	618999	59.09
Tolueno	12.79	2819665	90.06

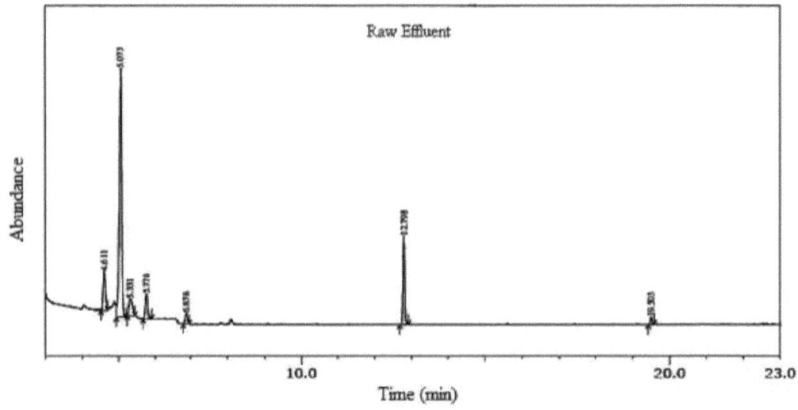

Figura 4.7.1 Espectros GC-MS dos poluentes orgânicos no efluente bruto

A figura 4.7.2 mostra o cromatograma do efluente tratado nas condições optimizadas (15mA/cm^2 , 500 rpm e 7,5pH). Após 2 horas de tratamento, muitos dos picos observados no efluente bruto desapareceram. No entanto, o pico correspondente ao hexano manteve-se intacto. Assim, após a electro-oxidação, a maioria dos compostos orgânicos foram mineralizados em CO_2 e H_2O, enquanto o pico correspondente ao hexano permaneceu intacto. Pode dizer-se que o hexano permaneceu estável durante a electro-oxidação e não sofreu alterações.

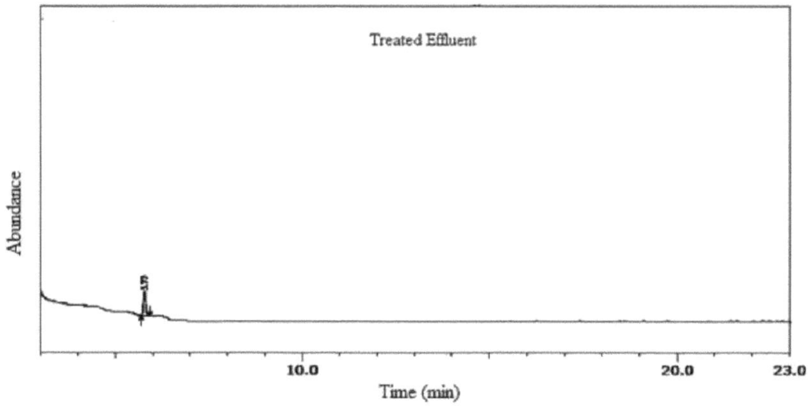

Figura 4.7.2 Espectros GC-MS dos poluentes orgânicos no efluente tratado

CAPÍTULO 5

CONCLUSÃO

O tratamento eletroquímico de efluentes de curtumes foi efectuado utilizando um novo reator eletroquímico de discos rotativos em modo descontínuo, recirculação descontínua e modo "Once through", utilizando um ânodo de titânio *revestido* com Ti/*RuOx-TiOx*. Foi examinado o efeito de parâmetros operacionais importantes, como a densidade da corrente, a velocidade de rotação do cátodo e o pH inicial, na eficiência da remoção de TOC e no consumo de energia.

As condições óptimas para o modo descontínuo foram encontradas a uma densidade de corrente: 15mA/cm^2 , velocidade de rotação do cátodo: 500 rpm, pH: 7,5 e foi obtida uma remoção de COT de 91,2 % para um tempo de tratamento de 2 horas. As condições óptimas para o modo de recirculação em lote foram encontradas a uma densidade de corrente: 15mA/cm^2 , velocidade de rotação do cátodo: 500 rpm, pH: 7,5, caudal: 60 l/h e obteve-se uma remoção de TOC de 95 %. No modo "Once through" os valores óptimos foram: densidade de corrente: 20mA/cm^2 , velocidade de rotação do cátodo: 500 rpm, pH: 7,5 e caudal: 2 l/h e obteve-se uma remoção de COT de 58,2 %. Os valores de consumo específico de energia obtidos foram de 106,1, 2,65 e 205,6 KWh/g de COT removido para os modos descontínuo, recirculação descontínua e de passagem única, respetivamente. O estudo cinético do mecanismo de degradação foi efectuado utilizando a cinética de primeira ordem, tendo-se verificado que esta se ajustava adequadamente. A análise GC-MS mostrou que a maioria dos poluentes orgânicos presentes no efluente foi degradada e que o processo não produziu quaisquer produtos intermédios nocivos. A electro-oxidação pode assim ser utilizada preferencialmente como técnica de tratamento terciário em relação ao processo de adsorção atualmente utilizado.

REFERÊNCIAS

1. Ahmed Basha, P. A. Soloman, M. Velan, N. Balasubramanian, L. Roohil Kareem, (2009) 'Participation of Electrochemical Steps in Treating Tannery Wastewater', *Ind. Eng. Chem. Res.*, 48, 9786-9796.

2. Bejan, D., Lozar, J., Falgayrac, G., Saval, A., (1999) 'Electrochemical assistance of catalytic oxidation in liquid phase using molecular oxygen: oxidation of toluenes', *Catal. Today* 48 (4), 363-369.

3. Burstein, G.T., Barnett, C.J., Kucernak, A.R., Williams, K.R., (1997) 'Aspect of the anodic oxidation of methanol', *Catal. Today* 38 (4), 425-437.

4. Chen, (2004) "Electrochemical technologies in wastewater treatment", *Sep. Purif. Technol.* 38 11-41.

5. Comninellis, Ch., (1992) "Electrochemical treatment of wastewater containing phenol", *IChemE* 70 (Part B), 219-224.

6. Do, J.S., Yeh, W.C., (1995) 'In situ degradation of formaldehyde with electrogenerated hypochlorite', *J. Appl. Electrochem.* 25 (5), 483-489.

7. Feng, J., Houk, L.L., Johnson, D.C., Lowery, S.N., Carey, J.J., (1995) 'Electrocatalysis of anodic oxygen transfer reactions: the electrochemical incineration of benzoquinone', *J. Electrochem. Soc.* 142 (11), 3626-3632.

8. Fleszar, B., Ploszynska, J., (1985) "An attempt to define benzene and phenol electrochemical oxidation mechanism", *Electrochim. Ata* 30 (1), 31-42.

9. Kowal, A., Port, S.N., Nichols, R.J., (1997) Electrocatalisadores de hidróxido de níquel para reacções de oxidação de álcool: uma avaliação por espetroscopia de infravermelhos e métodos electroquímicos. *Catal. Today* 38 (4), 483-492.

10. Lin, S.H., Wu, C.L., (1996) 'Electrochemical removal of nitrite and ammonia for aquaculture', *Water Res.* 30, 715-721.

11. Marinerc, L., Lectz, F.B., (1978). Electro-oxidação do amoníaco em águas residuais". *J. Appl. Electrochem.* 8, 335-345.

12. Meneses, E. S.; Arguelho, M. L. P. M.; Alves, J. P. H (2005) 'Electroreduction of the antifouling agent TCMTB and its electroanalytical determination in tannery wastewaters', *Talanta*, 67, 682.

13. Mingshu, L.; Kai, Y.; Qiang, H.; Dongying, J. (2005) 'Biodegradation of Gallotannins and Ellagitannins'. *J. Basic Microbiol.* , 46, 68.

14. Otsuka, K., Yamanaka, I., (1998) Células electroquímicas como reator para oxigenação selectiva de hidrocarbonetos a baixa temperatura. *Catal. Today* 41, 311-325.

15. Polcaro, A.M., Palmas, S., (1997) Oxidação eletroquímica de clorofenóis. *Ind. Eng. Chem. Res.* 36, 1791-1798.

16. Ramasami, T., Rao, P.G., (1991) International Consultation Meeting on Technology and Environmental

Upgradation in Leather Setor, Nova Deli, pp. T1-1-T1-30.

17. Szpyrkowicz, L., Juzzolino, C., Kaul, S.N., Daniele, S., (2000). Oxidação eletroquímica de banhos de tingimento com corantes dispersos. *Ind. Eng. Chem. Res.* 39, 3241-3248.

18. Szpyrkowicz, L.; Kaul, S. N.; Neti, R. N.; Satyanarayan, S. (2005), 'Influence of Anode Material on Electrochemical Oxidation for the Treatment of Tannery Wastewater'. *Water Res.*, 39, 1601.

19. Szpyrkowicz, L., Zilio Grandi, F., Kaul, S.N., Rigoni-Stern, S., (1998). Tratamento eletroquímico de águas residuais de cianeto de cobre utilizando eléctrodos de aço inoxidável". *Water Sci. Technol.* 38 (10), 261-268.

20. Tunay, O.; Kabdasli, I.; Orhon, D.; Ates, (1995). 'Characterization and Pollution Profile of Leather Tanning Industry in Turkey'. *Water Sci. Technol.* 32, 1.

21. Vijayalakshmi, G. Bhaskar Raju, e A. Gnanamani, (2011) 'Advanced Oxidation and Electrooxidation as tertiary treatment techniques to improve the purity of tannery wastewater'. *IndEng Chem Res.* 50(17), 10194-10200.

22. Nassar, M. M.; Fadali, O. A.; Sedahmed, G. H. (1983) 'Decolorization of pulp mill bleaching effluents by electrochemical oxidation'. *Pulp Paper Can.* 84(12), 95-98.

23. Camporro, A.; Camporro, M. J.; Coca, J.; Sastre, H. (1994) "Regeneration of an activated carbon bed exhausted by industrial phenolic wastewater". *J Hazard Mater.* Volume 37, Número 1, Páginas 207-214.

24. Josimar, R; Adalgisa, R. (2006) 'Investigação das propriedades eléctricas, processo de carregamento e passivação de filmes de óxido RuO2-Ta2O5'. *J Electroanal Chem.* Volume 592, Issue2, 153-162.

25. De Faria, L.A; Boodts, J.F.C; Trasatti, S. (1997) 'Propriedades electrocatalíticas de eléctrodos de óxidos mistos Ru + Ti + Ce para a reação de evolução do Cl2'. *Electrochem. Ata.* 42, Edição 23-24, 3525-3530.

26. Solomon P.A.; Ahmed Basha C.;Velan M.;Balasubramanian N.; Marimuthu P. (2009) 'Augmentation of biodegradability of pulp and paper industry wastewater by electrochemical pre-treatment and optimization by RSM'. *Sep. Purif. Technol.* 69(1), 109-117.

27. Otsuka, K.; Yamanaka, I.(1998) "Electrochemical cells asreactor for selective oxygenation of hydrocarbons at Iowtemperature". *Catal Today.* 41, 311-325.

MIX
Papier aus verantwortungsvollen Quellen
Paper from responsible sources
FSC® C105338

Printed by Books on Demand GmbH, Norderstedt / Germany